SOUVENIRS DE VOYAGE

# Silhouettes Tibétaines

PAR

M. PURDON-WHITE

AVEC UNE PRÉFACE DE

JULES D'ORIENT

AHMÉDABAD
CHEZ EDULJEE-FAROUDJEE
LIBRAIRES-ÉDITEURS

1894

SOUVENIRS DE VOYAGE

# Silhouettes Tibétaines

SOUVENIRS DE VOYAGE

# Silhouettes Tibétaines

PAR

M. PURDON-WHITE

AVEC UNE PRÉFACE DE

JULES D'ORIENT

AHMÉDABAD
CHEZ EDULJEE-FAROUDJEE
LIBRAIRES-ÉDITEURS

1894

# AVANT-PROPOS

Lors de mon dernier séjour à Bombay, j'étais descendu à Watson's Esplanade Hotel, espèce de grande volière située à l'entrée de la ville anglaise à deux pas du port. Pendant le désœuvrement des chaudes après-midi, je me tenais de préférence dans la salle de lecture et j'y fis la connaissance d'un Anglais, M. Purdon-White, qui, commissionné par un des grands musées de Londres, venait pour la cinquième fois aux Indes, faire une riche moisson d'objets ethnographiques.

Purdon-White était un savant doublé d'un gentleman accompli. Sa conversation était des plus attrayantes et des plus instructives ; il avait visité ce pays dans tous ses coins et recoins, il avait poussé ses audacieuses pérégrinations jusqu'aux confins du Kafiristan et jusqu'au cœur du Tibet. Tibet ! pays magique entouré d'un mystère profond, que les lazaristes Huc et Gabet avaient entrevu et où le Hongrois Csoma de Kœrœs, plus heureux encore, avait séjourné pendant plus de vingt ans, se cachant dans une lamaserie de l'Himalaya. Depuis les pieux sectaires de Zoroastre jusqu'aux stupides Lamas d'aujourd'hui, qui, accroupis au seuil de leur demeure agitent leurs moulins à prières, que de siècles écoulés, vides dans leur immuable uniformité, grâce à une nature implacable qui pétrit tout dans un moule voulu, annihilant la volonté humaine ! Quand on s'est trouvé en face de cette farouche nature, qui, du jour au lendemain, à la suite d'un orage de quelques heures, change une vallée fertile en un chaos désolé, broyant tout sur son passage, on comprend le Nirvana des Indous et la vie contemplative que des centaines de Lamas mènent dans leurs couvents retirés ; on comprend la croyance des hommes à la métempsychose, considérant la vie présente comme un cauchemar funeste. On comprend leur puérile sollicitude pour les êtres les plus infimes, croyant reconnaître en eux une réincarnation de leurs semblables.

Dans ces contrées lointaines, Purdon-White avait observé les coutumes les plus étranges. Sur les confins du Kafiristan, il avait constaté l'existence de la communauté des femmes, comme du temps d'Hérodote ; dans le Tibet, il rencontra l'usage barbare de l'infanticide des filles en bas âge et des coutumes polyandres. L'heureux homme avait séjourné, pendant plus de six mois, près des sources du Gange, dans un coin charmant où tous les récidivistes et les forbans de l'Inde se donnent rendez-vous pour se soustraire aux poursuites de la police anglaise et de celle des radjahs indigènes.

Je buvais les paroles sur les lèvres de mon interlocuteur ; toutes ces contrées, j'avais l'intention de les visiter, et la description des mœurs de leurs habitants m'intéressait au suprême degré.

— Vous devriez publier toutes vos observations, disais-je à Purdon-White, vous possédez des documents vraiment inédits.

— C'est possible, répondit-il flegmatiquement, mais j'ai horreur de la publicité; tout ce que je vous raconte, je l'ai consigné dans des notes, des feuilles volantes, je puis les mettre à votre disposition, et, rentré en Europe, vous en ferez l'usage qu'il vous conviendra.

Une année s'était passée, j'avais à mon tour parcouru l'Himalaya occidental et poussé mes investigations jusqu'aux portes du Tibet. Revenu à Bombay, à Watson's Esplanade Hotel, j'y retrouvai mon Anglais ; il s'y reposait avant de se rendre dans l'île de Ceylan ; je lui rendis compte de mes voyages, et je lui avouai avec amertume que mes explorations avaient été beaucoup moins fructueuses que les siennes ; je n'avais ni pu pénétrer aussi avant que lui dans le cœur de l'Asie, ni pu rapporter d'aussi mirifiques collections. Je lui rappelai sa promesse au sujet de ses notes de voyages, il s'exécuta de bonne grâce et me remit ses feuilles volantes, comme il les appelait, et ajouta : « Considérez tout cela comme votre propriété, usez de la partie scientifique à votre gré, mais quant à la partie anecdotique, souvent très personnelle et incisive, ne publiez rien tant que je serai vivant. »

Treize ans se sont passés depuis. Il y a deux mois que je viens de lire dans les gazettes de Londres que mon ami Purdon-White, conservateur d'un des plus grands musées de la cité, était mort subitement de la rupture d'un anévrisme.

En fouillant dans mes vieux papiers j'ai retrouvé des feuillets jaunis recouverts de l'écriture fine et dense de mon ami ; j'ai relu ces pages qui me reportaient de treize ans en arrière, non sans une certaine émotion, et je conçus le projet d'en publier quelques-unes.

Si ces récits revêtent souvent un caractère pamphlétaire, je n'y suis pour rien, je respecte la rédaction de mon ami.

Les personnages visés dans ces récits sont tous, ou rentrés dans le sein d'Abraham, ou dispersés aux quatre coins du globe. Les rares survivants qui liront ces lignes et qui croiront se reconnaître dans ces portraits, parfois un peu vifs, souriront sans doute au souvenir de ces temps lointains.

Je passe la parole à mon ami.

# SILHOUETTES TIBÉTAINES

## CHAPITRE PREMIER

## LA COUR DES MIRACLES

Quand le voyageur quitte les plaines brûlantes de l'Inde septentrionale pour prendre la route du Tibet, l'Himalaya se présente à ses regards éblouis, non pas comme la ceinture verdoyante des Alpes doucement étagées vers des cimes argentées, mais bien comme une gigantesque et sombre muraille couronnée de cimes neigeuses. Au-delà de ce môle immense qui sépare l'Indoustan de l'Asie Centrale, des régions alpestres habitées par de rudes montagnards défendent l'accès du Tibet. Terre promise pour tous ceux qui ont tenté d'explorer le centre du continent asiatique.

Le Gange prend ses sources dans cette terre

mystérieuse sortant du lac Manosarovar, situé au-delà de l'Himalaya sur les confins de Lhassa.

Entre la nappe d'eau souriante du Manosarovar et la vallée du Dsangpo, cours supérieur du Brahmapoutre, dans un petit entonnoir verdoyant, se trouve le lac d'Ounago. Un poète de Lahore, fuyant le pays des cinq rivières qui gémissait sous le joug du borgne Rounjet-Singh, s'était écrié à la vue de ce petit lac : « Voilà un coin du paradis tombé sur la terre ».

Ce cri d'admiration n'a rien d'exagéré; car cette partie retirée du Tibet, cette terre d'asile, comme l'appellent les Indous, est enveloppée d'un charme poétique, grâce à une nature d'une exubérance inouïe ; ses épaisses futaies couleur émeraude, du milieu desquelles émergent des ruines de temples et de palais remontant à l'époque où les sectaires de Zoroastre peuplaient la contrée, entourent d'un mystère doux et pénétrant cette petite nappe d'eau qui semble dormir sous l'étreinte des nénuphars et des noisettes lacustres.

Quelques rares touristes anglais fatigués de la fastidieuse étiquette qui règne pendant la saison d'été à Simla, à Dardjiling et aux autres stations estivales à la mode, viennent se réfugier pendant les grandes chaleurs dans ce coin privilégié de la région Himalayenne où la température est douce et les parfums plus doux encore.

Du temps où le cruel Rounjet régnait à Lahore, les réfugiés politiques affluaient sur les bords du lac d'Ounago. Aujourd'hui, c'est la terre d'asile des malfaiteurs de l'Inde, des déserteurs du Nepaul et des récidivistes du Tibet.

Quand, par aventure, un voyageur captivé par cette magnifique nature, fait mine d'y séjourner plus longtemps que de coutume, on chuchote à Lahore et on se demande aussitôt : « Que diantre a-t-il pu faire pour aller habiter cette caverne de brigands ? » On passe à Ounago volontiers quelques semaines, mais on se garde bien d'y élire domicile, à moins qu'on y soit contraint par les circonstances ; même les étrangers de passage n'y affluent guère. Pourrait-il en être autrement dans une contrée difficilement accessible, où les habitants parcimonieux et inhospitaliers ne font rien pour les attirer ; de plus, la colonie étrangère fort restreinte, qui est la lèpre d'Ounago, fait tout ce qui est en son pouvoir pour éloigner tous les fâcheux qui voudraient se rendre compte de visu de ce qui se passe sur les confins éloignés du Tibet.

Ce beau pays est devenu la terre d'asile pour quelques vilaines gens qui le considèrent comme leur fief, et qui tous, plus ou moins sujets à caution, cachent sous une apparence de bon aloi une tare quelconque. Ces étranges personnages contrastent avec le charme pénétrant de la nature.

La petite ville d'Ounago, étagée en amphithéâtre au bord du lac qui décrit de capricieux méandres, est entourée d'une épaisse ceinture verdoyante, de puissants châtaigniers alternent avec de gracieux acacias, d'élégants oliviers couvrent les pentes des montagnes et encadrent les chemins ; des magnolias arborescents, des bosquets de camélias, des palmiers, des néfliers du Japon, des araucarias au branchage bizarre, de puissants wellingtonias et des variétés infinies de cyprès se rencontrent à chaque pas ; des parterres d'azalés, des champs d'œillets et de roses décorent les jardins.

Au printemps, le rossignol fait entendre son chant dans la feuillée ; à la Saint-Jean, des myriades de lucioles éclairent de lueurs magiques les soirées tièdes et embaumées ; en automne, les arbres des vergers ploient sous leurs fruits savoureux, et en hiver, par une température peu rigoureuse, on patine sur la surface gelée d'un petit lac minuscule situé à portée de fusil de la ville, placé là tout exprès pour délasser les habitants.

J'arrivai pour la première fois à Ounago, au mois de Mai 18.. ; je ne pus me rassasier de contempler cette superbe nature qui me dédommageait au centuple des fatigues et des privations endurées. Hélas ! à côté de ces splendeurs, l'humanité forme un bien vilain contraste ; je suis resté six mois à Ounago et j'en suis sorti écœuré, fuyant ces parages, malgré leur beauté enchanteresse. Je vais essayer de tracer un tableau vivant des fantoches qui, à cette époque, tenaient le haut du pavé de la petite cité himalayenne.

Les hasards de la destinée avaient amené à Ounago le descendant d'un ancien prince médiatisé de l'Inde, le Radjah Khrétin-Singh et son épouse, la Râni Homa-Hal. Ce couple étonnant constituait le plus bel ornement de cette étrange société.

Khrétin-Singh avait été élevé au collège de Lahore, dirigé jadis par le docteur Leitner ; il y avait puisé, paraît-il, des idées subversives, car aussitôt sorti de cette pépinière d'Indous déclassés, son père le Radjah de Kangra le fit enfermer dans un de ses châteaux de la montagne ; relâché pendant quelque temps, il s'unit contre la volonté de ses parents, à la fille du grand fauconnier du Guicovar de Baroda. Le vieux Radjah ayant eu des velléités de le faire coffrer de nouveau, il s'enfuit au Tibet, à Ounago : il y menait une existence des plus obscures. Ce prince n'avait rien des radjpoutes de sa race ; il était gros, luisant, hirsute, prolixe et peu soigneux de sa personne ; il n'avait rien de ses aïeux, sinon leur arrogance souriante, qui chez lui était inconsciente ; au demeurant insignifiant ; il était complètement dominé par sa femme, créature colossale, au teint de brique et aux yeux de poisson. La Râni ressemblait tellement à une gardeuse de paons de Lahore, que sa bellemère avait coutume de lui dire au moment de ses réceptions officielles, quand elle l'apercevait à ses côtés : « De grâce, éloignez-vous de moi, ma bonne, tout le monde vous prend pour la femme de mon *bisti* », ce que la belle-fille racontait elle-même avec une étonnante candeur. Par une étrange coïncidence les habitants d'Ounago lui avaient donné le surnom de bisti, c'est-à-dire la lavandière. L'esprit de cette femme n'était nullement cultivé et ses manières étaient d'une vulgarité étonnante. Ce n'est pas tout.

La chronique scandaleuse d'Ounago ne tarissait pas sur son compte : tantôt on la rencontrait sur la promenade en société de sa vendeuse de pain ; tantôt on la voyait en barque sur le lac chanter des airs populaires en compagnie de quelques parias. Dans tous les cas, son hypocrisie et sa duplicité la faisaient détester par tout le monde.

Lors de son départ subit de Kangra, lorsque le vieux Radjah avait caressé le projet de faire de nouveau séquestrer son fils, Homa-Hal eut une explication orageuse avec son beau-père, qui pour lui notifier sans doute la fin de l'audience, lança un tabouret en ivoire à la tête de sa bru. Elle aimait à raconter cette nouvelle preuve de douces mœurs familiales.

Khrétin-Singh avait trop frayé avec les employés de l'Inde, pour ne pas adorer le *peg*, mélange savant d'eau de seltz et de whisky ; le Radjah aimait cette boisson à la folie ; quant à la Râni, elle cultivait deux arts d'agrément, le chant et la danse ; malheureusement elle chantait faux et dansait mal. Lorsqu'elle chantait, on croyait entendre le roulement lointain d'une avalanche descendant des Monts Karakorum ; dansait-elle, on croyait voir un jeune éléphant lâché dans un champ de cannes à sucre. Le Radjah et la Râni affectaient d'ailleurs des mœurs européennes plus ou moins correctes, mais ayant conservé leurs costumes, ils paraissaient d'autant plus grotesques.

La Râni donnait des matinées musicales auxquelles elle invitait tous les étrangers de passage et même des bals auxquels elle conviait tous les habitants de marque d'Ounago. Ces fêtes étaient curieuses et suggestives. Khrétin-Singh, s'entendant appeler « Votre Hautesse », s'épanouissait dans un béat contentement; la Râni interrompait ses formidables roulades et ses danses échevelées pour flirter un tantinet avec un riche Parsi de l'endroit.

A côté de ce couple encombrant, d'autres échantillons étonnants venus de toutes les parties du monde ne pouvaient occuper qu'une place secondaire.

Citons d'abord le ménage Uglybird, des Anglais de pacotille qui ne ressemblaient en rien aux enfants de notre race. Lui, grand, sec, poseur, bébête et mal élevé; elle aussi grande, sèche, passablement coquette et tout aussi bébête que son mari; tous les deux faux et plats comme des laquais; ils étaient de la grande famille des pique-assiette et des fouille-pot, ayant élevé le parasitisme à la hauteur d'une institution. Il avait fait, paraît-il, des études d'architecture dans une ville allemande; présentement il cultivait la peinture et se piquait de sport athlétique. Je n'ai pas besoin d'ajouter que sa peinture était du barbouillage. Son sport consistait à naviguer sur le lac paisible d'Ounago dans une coquille de noix mal renflouée. Sa digne compagne qu'il avait rencontrée on ne sait où, faisait elle-même ses robes et ses confitures. Vous devinerez aussitôt qu'elle était habillée avec un goût douteux, et que ses confitures étaient détestables. Il existait entre ces deux êtres une touchante entente au sujet de la perception de leur bêtise réciproque. La femme disait à qui voulait l'entendre que son mari était un grand idiot, le mari criait par-dessus les toits que sa femme était une grosse bête. Tous deux avaient horreur des Anglais et les évitaient comme du feu, craignant sans doute d'être par eux mis à l'index. M. et Mme Uglybird étaient les plus fervents courtisans de la famille du Radjah ; ils y prenaient leurs repas aussi souvent que possible, acceptaient tous les cadeaux qu'on leur octroyait, ce qui ne les empêchait pas de dire que Khrétin-Singh était complètement gaga et que Homa-Hal était une vulgaire drôlesse.

Aux environs de la ville, sur une hauteur dominant le lac et hérissée de cactus et d'agaves, résidait un couple fort curieux. Le mari, vieil homme, usé, cassé, se disait Hollandais ; nous n'avons aucune raison de ne pas le croire sur parole.

Après avoir cultivé les tulipes dans son pays natal, ce vieillard inoffensif et insignifiant était venu à Ounago pour y contracter un mariage bien extraordinaire. Il y avait épousé une veuve mûre, qui, après avoir fait le bonheur de deux générations ounagaises, consentit à faire le sien. Mme Titisab, tel était son nom, Portugaise de Goa, espèce de half-caste, était un être des plus curieux. Sans aucune éducation, sans aucune instruction, ne parlant convenablement aucune langue, venue on ne sait d'où, cette extraordinaire personne portait de longues boucles blondes en tire-bouchon et s'affublait de robes aux couleurs éclatantes. Elle disait du mal de tout le monde, à l'exemple de toutes celles qui ont fait Pâques avant Carême. Je ne vous surprendrai pas en vous apprenant que Mme Titisab disait du mal de la Râni tant qu'elle pouvait (ce que l'autre lui rendait d'ailleurs au centuple), mais consciente sans doute de sa basse extraction et dévorée de jalousie, elle éprouvait le besoin impérieux de se mettre à l'ombre du blason de sa rivale.

Un seul trait vous dépeindra Mme Titisab, ou du moins vous fera connaître la réputation dont elle jouissait dans le pays. M. Titisab ayant éprouvé le besoin de fonder une école dans le hameau qu'il avait gratifié de sa présence, les bonnes langues du pays avaient dit aussitôt qu'il s'était décidé à cette libéralité inattendue afin de faire apprendre à lire à sa femme. Je ne sais exactement si elle savait lire, mais j'affirme en tout cas qu'elle ne savait pas écrire.

Dans le pays, on l'avait surnommée la Chèvre. Jamais surnom ne fut mieux choisi ; elle avait de cette bête les allures, les goûts, les caprices et les déportements. Chez cette femme, le mensonge était devenu un besoin aussi impérieux que celui de se maquiller ; elle mentait toujours et quand même ; elle éprouvait une joie bruyante quand elle pouvait salir quelqu'un, espérant ravaler tout le monde à son niveau moral.

J'ai déjà dit que la Râni et Mme Titisab se détestaient au fond ; mais elles étaient faites pour s'entendre. Tant l'axiome est vrai que le vice comme la vertu ont des affinités qui attirent les âmes les unes vers les autres. Les âmes de boue comme les âmes d'élite.

Enfin un quatrième couple, bien infime celui-là, attirait encore mon attention, c'était M. et Mme Harmsada, les familiers les plus assidus de la maison du Radjah. Harmsada avait été fifre dans un orchestre de cirque de passage; cousin germain d'une célèbre bayadère de Bombay, paria de race, il avait passé sa vie dans les fêtes foraines, lorsqu'il se rencontra un jour avec sa future épouse qui était danseuse de corde dans la troupe dont il faisait partie. Ces deux êtres étaient faits l'un pour l'autre. Il était venimeux et rampant comme un serpent (son père, disait-on, en avait charmé dans le temps), sa femme, obséquieuse et intrigante; tous deux devaient plaire au couple princier. Les Anglais de passage ne les fréquentaient pas, car tenant boutique sur rue, un débit de boisson, ils n'étaient pas fréquentables. Leurs agissements se pratiquaient dans l'ombre; tout en étant très effacés, ils n'en étaient pas moins malpropres. Harmsada était chargé des commissions douteuses du Radjah et sa femme rendait de petits services à la Râni. On ne peut se faire une idée du venin que déversaient ces deux êtres sur tout ce qui était honnête et propre.

Arrivé à Ounago après une marche épuisante à travers les passes les plus escarpées de l'Himalaya, l'état de ma santé m'obligea d'y résider environ six mois. Souvenir détestable de mon existence. Nullement prévenu, je fréquentai tout ce monde, j'assistai à des intrigues inavouables, à des luttes homériques, le tout émaillé d'incidents grotesques.

Remis enfin, je quittai Ounago, écœuré à la vue de tant de bassesses et de duplicités.

En arrivant au Népaul, le résident anglais, mon vieil ami, me dit :

« Sachant combien vous aimez les antiquités pour votre propre compte, je vous soupçonnais d'avoir pris la fuite avec les collections de votre Musée. »

—◆◆◆◆—

## CHAPITRE II

# LE DOCTEUR IDIO BABOU

A la petite cour de Khrétin-Singh, je ne fus point sans remarquer la présence d'un type bien curieux. C'était un homme de large envergure, haut en couleurs, la grosse figure encadrée d'une barbe rutilante ; il ne parlait jamais au prince sans une obséquiosité apparente, les bras croisés sur la poitrine, sa grosse tête inclinée vers la poussière, et l'appelant Votre Hautesse à chaque instant. C'était Idio Babou, le médecin ordinaire du Radjah, à qui ses flatteuses fonctions n'empêchaient pas de se faire une clientèle nombreuse et fructueuse en ville.

Originaire du Nepaul, appartenant à cette vigoureuse race des Gourkas qui joue un rôle si prépondérant dans l'armée indigène de l'Inde britannique, il dut quitter de bonne heure les âpres montagnes de son pays dont le rude climat lui était funeste ; il dut chercher un ciel plus doux pour se consacrer au bonheur de ses contemporains.

Ayant fait quelques études médicales, très superficielles d'ailleurs, il vint se fixer à Ounago pour y exercer son métier de sorcier, de devin, de médecin, tout ce que l'on voudra. Arrivé sans sou ni maille, il était doué d'une âpre soif de richesse, tout comme un vulgaire Parsi.

Le radjah Khrétin-Singh, homme éminemment pratique malgré sa folie latente, l'attacha à sa nombreuse famille (il avait douze enfants de la Râni) moyennant une pension annuelle des plus raisonnables. « Ce poste, dit-il au jeune médecin, vous ouvrira les maisons les plus huppées d'Ounago et vous gagnerez facilement ailleurs ce que je ne vous payerai pas. » Le jeune praticien se montra digne de ces augustes pronostics ; il sut comme personne faire durer les maladies, les entretenir, les mijoter dans leur jus, comme une cuisinière de marque ferait du plat favori de son maître.

Rien ne le rebutait. Son client se portait-il comme un charme, Idio Babou lui persuadait qu'il avait une maladie constitutive cachée qui le minait dans l'ombre et dont il fallait à tout prix prévenir l'éclosion. La bêtise des habitants d'Ounago aidant, cet homme avisé fit en peu de temps fortune. Il savait en plus prélever une dîme sur tous les droguistes de la ville, multipliant les ordonnances les plus diverses ; non content de ce rendement considérable, il pratiquait de préférence certaines injections sous-cutanées d'une mixture empruntée à la moelle des marmottes des montagnes de son pays. Je crois entre nous que ces bêtes n'avaient jamais à se plaindre de ses poursuites et qu'il fabriquait sa mixture tout bonnement dans son laboratoire.

En quelques années, Idio Babou était devenu riche ; il possédait sur la colline derrière la ville une maison de belle apparence entourée d'un parc ombreux, et sa réputation grandissait sans cesse.

Lors de mon séjour aux Indes en 18.., j'arrivai à Ounago juste à point pour devenir la victime de cet habile charlatan. Souffrant de troubles intestinaux contractés à la suite des mauvais aliments que j'avais absorbés pendant trois mois de chevauchée dans la montagne, je fis aussitôt appeler Idio Babou qu'on m'avait recommandé comme le premier médecin du pays ; j'appris plus tard seulement que les Anglais ne s'en servaient jamais.

— Vous avez une hépatite, me dit-il, des plus caractérisées ; il faut une médication énergique et, sortant son écritoire en papier mâché colorié du Cachemire, il inscrivit sur une grande feuille de papier luisant non collé la liste des aliments que je devais manger et ceux dont je devais m'abstenir, puis force ordonnances pour son droguiste et d'innombrables prescriptions hygiéniques.

— Bigre, une maladie du foie ? J'en eus des frissons dans le dos ! L'illustre Wood avait fini ainsi après son séjour dans les Indes et bien d'autres avaient suivi son déplorable exemple. Je ressentis aussitôt tous les symptômes de ce terrible mal et je me crus perdu. Par acquit de conscience et pour n'avoir rien à me reprocher vis-à-vis de ma famille, je fis venir un autre médecin de la ville, qui, prévenu sans doute par son collègue, me donna par écrit que j'étais atteint d'une hépatite aigue. J'en fus atterré! Cependant, ce second praticien, à l'insu d'Idio Babou sans doute, me prescrivit un traitement plus énergique encore, qui, je dois en convenir, me fit beaucoup de bien. Mais mon moral était frappé, je devins sombre et je ne sortis plus.

Un compatriote anglais de passage me dit un jour : « Mon cher, vous avez grand tort de faire fi des médecins anglais; soyez sûr que le dernier de nos officiers de santé en sait plus long que tous les rebouteux du pays. Allez donc à Lahore voir le docteur Blood; il vous dira ce qu'il en est. Sous une écorce un peu rude, ce brave docteur cache une grande science et vous pouvez avoir confiance dans son diagnostic. »

Je partis pour Lahore, et je courus chez le docteur Blood, qui me reçut avec une rudesse prévue.

— Vous n'avez rien, me dit-il, absolument rien, et si vous aviez éprouvé une attaque d'hépatite il y a trois mois, vous ne seriez pas dans l'état où vous êtes; il était inutile de me déranger, ajouta-t-il en se levant et en me reconduisant vers la porte.

Je lui fis part du diagnostic d'Idio Babou.

— Votre praticien d'Ounago est un sot, vous pouvez le lui dire de ma part; et il me poussa dehors pour m'indiquer que la consultation était terminée.

Vous pensez bien que je ne fis pas la commission de cet Anglais bourru.

J'appris plus tard qu'Idio Babou avait amputé un homme à la suite d'une fracture de la rotule qui pouvait très bien se guérir autrement. Il avait aussi déclaré à une forte Anglaise qu'elle avait dans les intestins une tumeur, dont seulement à Londres ou à Paris on pourrait l'opérer. La bonne dame s'en fut vers l'Europe où elle arriva radicalement guérie, ayant accouché au Caire d'un gros garçon.

Vous pensez qu'Idio Babou m'envoya un vrai compte d'apothicaire ; et quand j'eus l'audace de lui en demander le détail, il prit des airs de vertu effarouchée.

Mais la plus jolie histoire concernant cet homme extraordinaire, je l'appris tout récemment.

J'avais connu aux Indes un Portugais, qui était allé s'installer comme photographe à Ounago, il y avait une vingtaine d'années. Très lié avec Idio Babou, il avait fait la photographie de son illustre ami, de sa femme, de ses enfants, de sa maison, de son parc, sans jamais demander un sou. En revanche Idio Babou lui avait prodigué ses soins intelligents ; plus tard, mon Portugais ouvrit un atelier à Bombay ; il y fit des affaires prospères. Idio Babou ayant apprit cet état de choses alla le voir, le complimenta sur sa prospérité, et... lui présenta la note de ses honoraires remontant à plus de 16 ans !

Comment trouvez-vous ce petit trait ? N'est-ce pas le comble de l'esprit pratique ? Vous voyez que le *struggle for life* existe aux Indes comme chez nous.

## CHAPITRE III

# LE GUERRIER BARA KÉBAB

Un jour j'assistais à une chasse à l'éléphant que le Radjah Khrétin-Singh avait organisée en mon honneur. Les invités étaient réunis dans la grande cour de son castel ; les chevaux piaffaient et hennissaient ; les chiens poussaient des glapissements aigus, tout était prêt pour le départ ; mais on attendait quelqu'un.

Khrétin-Singh monté sur un immense éléphant était abrité par un palanquin de pourpre. Le Radjah tout vêtu de blanc et doré sur toutes les coutures affectait une pose des plus béates ; il ressemblait à s'y méprendre à ces magots chinois dont la tête branlante et les bras articulés font la joie des enfants.

Derrière lui, assis sur la croupe de l'éléphant, se tenait Harmsada ; le musicien, était muni d'une espèce d'olifant, dont les accents stridents devaient sans doute charmer les oreilles de son royal maître; pour l'instant il était occupé à lui nommer les assistants; le Radjah, armé d'immenses lunettes bleues, ne les voyait pas. A côté du Radjah, se faisant aussi mince que possible, coiffé d'un grand turban rouge, se tenait Idio Babou, buvant les paroles de son royal protecteur. Dans le coin opposé de la cour, la Râni était hissée sur une superbe haquenée blanche; elle portait des vêtements collants en gaze jaune faisant ressortir ses formes opulentes. Ce jaune vif encadrait étrangement son teint de langouste cuite, Autour d'elle, la foule des courtisans se pressait; elle avait pour tout le monde soit un large sourire, soit un regard plein de promesses. Tout près d'elle se tenait Uglybird à califourchon sur un baudet, ses moyens ne lui permettant pas de se payer une plus noble monture. Des vêtements fripés à larges carreaux, un chapeau melon bossué, des chaussures à la poulaine, le faisaient ressembler à ces Anglais interlopes que l'on rencontre souvent sur les bateaux qui font le service entre Douvre et Calais et qui se rendent sur les continents pour y écumer les grandes villes. Un jeune Parsi, secrétaire du Radjah, tenait la haquenée de la Râni par la bride. La princesse, tout en écoutant les fadaises de l'Anglais, tapotait du bout de sa cravache les oreilles du jeune Parsi.

Plus loin, deux autres amazones attirèrent mes regards. Mme Titisab, en costume vert pomme, était montée sur un vieux cheval étriqué, ses boucles blondes flottaient au gré du vent encadrant sa longue figure de capricorne ; elle causait avec Mme Uglybird qui, elle-même vêtue comme une sorcière, montait un pauvre âne paraissant être le frère de celui de son mari. Des serviteurs, des fauconniers, des valets de chiens, des rabatteurs, remplissaient la cour.

Soudain des rumeurs plus fortes se firent entendre, on perçut le galop furieux d'un cheval et un étrange cavalier se montra dans l'encadrement de la porte béante.

— Enfin, voilà Bara Kébab ! s'écria la Râni. Nous pouvons partir.

Le nouvel arrivant mérite qu'on fasse la description de sa personne. Petit, cagneux, la figure en lame de couteau, les cheveux rejetés en arrière comme des baguettes de tambour, le front fuyant, celui que la Râni avait appelé Bara-Kébab était affublé d'un étincelant uniforme rouge copié sur celui des officiers anglais ; deux pistolets garnissaient ses fontes, un long poignard et un troisième pistolet sortaient de sa ceinture ; un immense sabre de cavalerie pendait à ses côtés ; son cheval grand, efflanqué, haut sur jambes, couvert d'une cotte de mailles, ressemblait à l'animal de l'apocalypse. Le caractère du personnage était à l'avenant ; rageur, prolixe, diffus, il montrait un aplomb imperturbable et une jactance sans bornes.

Issu d'une famille de peaussiers, il appartenait à la caste des Soudras, ou commerçants, mais il préférait se faire passer pour un Chatria (guerrier) et faisait étalage de nombreux parchemins rédigés en

Sanscrit et remontant, d'après lui, jusqu'à la première dynastie royale du Cachemire. Au fond, ce n'était que des actes de ventes ramassés çà et là et datant à peine de la fin du dernier siècle.

Bara Kébab avait servi dans l'armée du Nepaul, il était arrivé jusqu'au grade de lieutenant, aussi faisait-il toujours précéder sa signature de cette considérable appellation. Pour le moment, il commandait les pompiers d'Ounago, que le Radjah avait organisés à l'exemple européen. Depuis ce temps, Bara Kébab se considérait comme le généralissime des forces de terre et de mer de ce coin reculé du Tibet.

Un Anglais facétieux lui avait dit qu'il ressemblait à Wellington, aussi s'en excusait-il avec une condescendance comique auprès de ses concitoyens ébaubis.

Une petite anecdocte achèvera de vous dépeindre ce guerrier grotesque.

Un jour, après un diner chez le Radjah, un peu éméché par de copieuses libations, il me parlait de nombreuses blessures reçues dans les guerres que le Nepaul aurait eues à soutenir envers ses voisins. Un assistant ayant fait remarquer qu'une paix profonde régnait depuis longtemps dans les contrées himalayennes, Bara Kébab se fâcha tout rouge, fit mine aussitôt de se dévêtir pour nous montrer les nombreuses cicatrices dont son corps était couvert. Nous eûmes toutes les peines du monde à l'en dissuader, lui faisant observer que son incartade ferait très mauvais effet et que nous préférions le croire sur parole. Cet homme était le prototype du blagueur à froid.

Revenons à la chasse et aux chasseurs.

— Me voilà, s'écria Bara Kébab d'une voix retentissante, poussant sa monture près de l'éléphant qui portait Khrétin-Singh, il ajouta : « Que Votre Hautesse excuse mon retard, mais je me suis vu obligé de rosser une demi-douzaine de truands qui ont essayé de m'attaquer en route ; j'en ai tué un, j'en ai assommé deux à coups de sabre et les autres ont pris la fuite.

— Est-il menteur, dit Mme Titisab, en s'adressant à l'Anglaise.

— Il a l'air si distingué, il est si beau, répondit Mme Uglybird en minaudant.

— Beau ! un gringalet pareil.

— Vous n'avez pas toujours été de cet avis, siffla l'Anglaise.

La conversation allait tourner à l'aigre, lorsque je m'approchai de ces deux dames.

— A la bonne heure, me dit Mme Titisab en ébauchant un large sourire qui laissa voir ses dents jaunes de chèvre ; vous, du moins, vous ne ressemblez pas à Bara Kébab.

— Vous effarouchez ma modestie, répondis-je en m'inclinant.

Le Radjah donna le signal du départ. Harmsada emboucha son olifant et en tira des sons aigus. La Râni, toujours accompagnée de son fidèle Parsi, flanquée d'Uglybird et de Bara Kébab, ouvrit la marche.

Je suivis en compagnie de Mmes Titisab et Uglybird, puis venait le Radjah sur son éléphant, entouré des autres chasseurs ; le vieux Titisab dans sa litière, fermait le cortège.

Les rabatteurs nous avaient précédés. Après une demi-heure de marche, en arrivant auprès d'une épaisse forêt,nous aperçûmes leurs silhouettes multicolores se dessiner le long de la lisière. C'était une épaisse forêt de cèdres et de bambous ; une infinité de plantes sarmenteuses rendait la circulation très difficile.

Uglybird débitait des fadaises à la Râni. Bara Kébab était au moins au dixième récit de ses hauts faits. Mme Titisab me mettait au courant de la chronique scandaleuse d'Ounago, ce qui faisait pousser de petits cris effarouchés à Mme Uglybird qui se rappelait sans doute qu'elle était Anglaise ; de temps en temps le glapissement des chiens se faisait entendre dominé par l'éclat strident de l'olifant d'Harmsada.

— Voilà un éléphant, s'écria Idio Babou, en passant un fusil au Radjah. La caravane s'arrêta. Khrétin-Singh, qui avait ôté ses lunettes, mit l'arme en joue, visant un superbe animal qui, la trompe au vent, passa à une centaine de mètres dans l'épais fourré, et ne tarda pas à disparaître.

— Il est trop loin, s'écria le Radjah, et il rendit l'arme à son médecin.

— C'est-à-dire qu'il n'y voit goutte, me dit Mme Titisab, il lui faudrait des mastodontes. Vous savez, on ne s'amuse pas à ces chasses.

Elle ne croyait pas, la bonne dame, qu'elle allait recevoir promptement un démenti.

— Voici un éléphant que je ne manquerai pas, s'écria Bara Kébab, fondant sur un fourré où une masse sombre se faisait entrevoir.

Le lieutenant sortit un de ses longs pistolets de ses fontes et fit feu sur l'animal. Celui-ci se retourna et se jeta tête baissée sur son agresseur. Cet éléphant était un rhinocéros. D'un coup formidable de sa corne il éventra le cheval de Bara Kébab. L'infortuné guerrier roula dans la mousse ; des cris de détresse se firent entendre et la caravane se dispersa. Uglybird était descendu de son âne et s'en faisait un rempart. J'entraînai sa femme et Mme Titisab derrière un cèdre séculaire ; les porteurs avaient lâché la litière de M. Titisab ; couché dans l'herbe, le vieux Hollandais poussait des cris plaintifs.

L'éléphant du Radjah, aiguillonné par son cornac, se préparait à la lutte en levant sa trompe d'une façon menaçante. Khrétin-Singh baissa le rideau de son palanquin, estimant, comme les autruches, qu'il suffisait de ne pas voir son ennemi pour n'être pas vu par lui. Harmsada fit sonner l'olifant d'une manière désespérée.

A ce moment suprême un coup de feu se fit entendre, le rhinocéros, atteint entre les deux yeux, s'abattit foudroyé. Un invité anglais, gardant tout son sang-froid, avait fait ce beau coup.

On se remit petit à petit de cette cruelle alerte et tout le monde rallia le gros de la caravane.

La Râni, que son fidèle Parsi avait entraînée loin

du danger, arriva la dernière, la gaze de son costume déchirée par les ronces de la forêt. Mme Titisab ne put s'empêcher d'en faire l'observation à sa compagne et les deux commères se mirent à chuchoter et à ricaner.

Bara Kébab, revenu de l'étourdissement de sa chute, s'était relevé et se frottait les membres. « Encore un instant, s'écria-t-il, en brandissant son poignard, et j'allais me glisser sous le rhinocéros pour lui ouvrir le ventre ! » Il dût cependant monter dans le palanquin du Radjah et abandonner son pauvre cheval que le coup de boutoir du rhinocéros avait mis en piteux état.

Khrétin-Singh donna le signal du retour, estimant sans doute que la chasse avait été assez mouvementée.

On revint bientôt à Ounago suivi des rabatteurs qui, ayant attaché de grosses cordes aux jambes du rhinocéros, traînaient la bête après eux.

## CHAPITRE IV

# L'ARTISTÉ ERSIJEE

C'était au débarcadère des bateaux à Sânlo, par une riante matinée de Mai, que je le vis pour la première fois. Cette apparition me resta gravée dans la mémoire et, malgré les années écoulées, elle me hante toujours, cette étrange silhouette. Espèce de Falstaff déguisé en Tartarin, cet homme n'avait rien d'un artiste : il était débordant, immense ; sa grosse tête, encadrée d'une chevelure et d'une barbe incultes, était coiffée de la mitre des Parsis ; son nez, charnu, carré, s'avançait au milieu de cette pilosité inouïe, comme la trompe d'un tapir, cachant presque deux yeux percés en vrille, qui n'avaient de ceux de l'éléphant que la petitesse ; d'immenses lobes d'oreilles apparaissaient sous la chevelure grisonnante. Sa robe blanche de Parsi disparaissait sous l'attirail d'un vrai bateleur de foire : tente portative, chevalet, planches recouvertes de toile, trépied, longue-vue, siège de campagne, palette, une foule de pinceaux couvraient son dos, ses épaules, ses reins, sortaient de sa ceinture ; ses grosses jambes étaient chaussées de guêtres couleur chamois et ses souliers munis de gros clous. De la main droite cet être étonnant tenait un grand bâton à bout recourbé, semblable à celui dont on affuble les patriarches bibliques. Je fus tellement saisi par cette apparition que je n'aperçus pas la famille Lezef, qui au grand complet entourait ce colosse ; c'étaient des gens que j'avais rencontrés dans mes voyages.

Mme Lezef, ancienne faiseuse de robes de cour à Calcutta, très laide, mais aussi très intelligente, était Parsie d'origine ; elle avait abjuré sa foi pour épouser un ancien bottier de Bombáy, espèce de bellâtre, absolument insignifiant d'ailleurs, qui comme tous les halfcastes, cherchait par tous les moyens à s'introduire dans la société anglaise ; leurs deux garçons avaient le type parsi le plus accusé.

Mme Lezef s'entretenait avec une femme grassouillette et luisante, d'un aspect vulgaire, qui défrayait la conversation de Sánlo par ses aventures et ses gaffes. C'était Mme Chapoulot, originaire de la Suisse Française ; cette industrieuse personne était venue échouer aux Indes et tenait le buffet de la gare à Bénarès.

Je ne pouvais faire autrement que de m'approcher

de la société pour saluer les Lezef, dont la maison m'avait chaussé autrefois à Bombay.

L'ex-couturière se confondit en amabilités.

— Permettez-moi de vous faire faire la connaissance de M. Ersijee, dit Mme Lezef, en m'indiquant le poussah d'un geste, c'est un des plus fameux peintres de l'Inde, ajouta-t-elle en minaudant.

Je crus être poli en abondant dans son sens.

— En effet, répondis-je en m'inclinant, j'ai vu dernièrement à Calcutta, dû au pinceau de Monsieur, un paysage qui par sa simplicité vous rappelait les fresques des Primitifs : j'ai failli l'acheter, mais il m'a été enlevé par un riche compatriote.

Falstaff répondit par un gloussement aigu de dindon.

— *Fallait le gober* de suite, Monsieur, s'écria Mme Chapoulot, les toiles de cette valeur sont enlevées aussitôt.

— Vous avez raison, répondis-je.

— Vous vous portez toujours bien ?

— Joliment, Monsieur, répliqua la Vaudoise, joliment, grâce à ce délicieux climat.

— Avez-vous vu les dernières toiles de mon mari, interrompit Mme Lezef, elles figurent à l'Exposition.

— Non, Madame, et je.....

— Allons à l'Exposition, s'écria Mme Chapoulot, guidés par notre Velasquez nous pourrons la visiter avec fruit.

— Avez-vous d'autres projets, Monsieur, demanda Mme Lezef.

— Du tout, du tout, je crains seulement que M. Ersijee, de retour sans doute d'une expédition picturale, ne soit géné dans ses mouvements.

Nouveau gloussement du personnage, encore moins intelligible que le premier.

— Vous ne le connaissez pas, ce grand artiste, rien ne l'arréte, me dit Mme Lezef en aparté ; que voulez-vous ? mon mari en est toqué, quant à moi j'en ai par-dessus les oreilles. Cet homme est encombrant.

— En effet, il doit être assez génant en voyage, mais en revanche sa conversation artistique.....

— Ne m'en parlez pas, interrompit l'ex-couturière, c'est un Velasquez qui bafouille. Il n'y a que Mme Chapoulot, qui le comprenne. Je voulais dire qui le gobe.

Nous nous étions mis en route avec un fracas épouvantable produit par l'attirail de l'artiste. Celui-ci s'était placé en tête de la colonne flanqué de Mme Chapoulot qui le complimentait sur ses chefs-d'œuvre. Je suivais, entouré de la famille Lezef. Nous gravimes les rues tortueuses de Sânlo ; une demi-heure plus tard, l'exposition de peinture, située au sommet de la colline et installée dans une espèce de grange, apparut à nos yeux.

Il y avait là, dans une grande salle modestement éclairée, peut-être à dessein, une cinquantaine de tableaux d'un éclectisme complet.

Nos peintres modernes les plus audacieux n'auraient pû se mesurer à la nouvelle école de Sânlo. Une toile énorme représentait un champ de blé, au fond duquel émargeaient quelques indous sans doute occupés à des travaux agricoles. Les blés étaient d'un reflet bleuâtre, les corps des hommes paraissaient tatoués et le ciel était vert pomme. J'avouai ne rien comprendre à cette peinture.

Ersijee eut un beau mouvement d'indignation ; au milieu du cliquetis de sa ferraille, il s'écria d'une voix de fausset :

— Mais c'est l'art, le véritable art. Elevé sous les brumes de la Grande-Bretagne, vous n'avez aucune idée de nos merveilleux couchers de soleil qui verdissent l'atmosphère et bleuissent la campagne !...

Je ne répondis rien, trouvant ce raisonnement inattaquable.

Plus loin, on me désigna trois ou quatre tableautins conçus dans le même genre ; des falaises rutilantes avec des arbres couleur ponceau, des collines jaune ocre et tout à l'avenant.

— Quel bel effet de soleil, quel beau paysage d'automne ! s'écria Mme Chapoulot maîtrisant difficilement son enthousiasme.

— Je crois que cette femme fait la cour à mon mari, me dit Mme Lezef, sans cela elle ne pourrait s'extasier devant ces horreurs.

— Que voulez-vous, Mme Chapoulot aime sans doute la peinture moderne, pleine d'audace, de son illustre maître.

— C'est en effet sa dernière manière, continua Mme Lezef, tandis que Mme Chapoulot ne sortait pas de son extase.

Un vieux Parsi d'un aspect misérable, que je ne connaissais pas, s'était mêlé à notre groupe et me désignant les toiles de Lézef, il me dit :

— Ce n'est qu'un début, mais ne trouvez-vous pas qu'un grand avenir est réservé à ce jeune peintre ?

J'opinai du bonnet, ne voulant pas désobliger ce Monsieur.

Plus tard, j'appris que Lezef l'avait fait poster là pour faire des observations de ce genre aux différents visiteurs de l'exposition, il était donc payé à cet effet.

Avant de quitter l'exposition, notre attention fut attirée par un portrait de grande dimension représentant la femme et la sœur du Parsi Linjee. Ce portrait avait été fait par un des plus célèbres peintres de l'Inde. Mme Linjee très belle, en réalité, avait l'air d'une bayadère anémique, se cramponnant à un banc de peur de se trouver mal.

Derrière elle, sa belle-sœur, toute vêtue de rouge, se tenait raide et guindée, présentant un plateau avec des rafraîchissements.

On dirait l'intérieur d'une maison de Thé, dit Mme Lezef, qui généralement faisait des observations assez justes.

— Quelle déplorable peinture ! glousse l'artiste, c'est plein de ficelles, rien du grand art.

— En effet, s'écria Mme Chapoulot, il n'y a pas cette belle simplicité, ces coloris puissants qui caractérisent vos œuvres.

— Sont-ils assez idiots tous les deux ? me dit

Mme Lezef, et sur cette judicieuse observation nous quittâmes l'exposition.

Je vous ferai remarquer que Lezef n'avait pas soufflé mot depuis le départ de l'embarcadère, il se contentait de boire les paroles sur les lèvres de sa peu bienveillante épouse et d'emboiter le pas à son illustre ami.

En sortant, nous croisâmes une grande et grosse femme au teint jaunâtre et suffisamment laide ; elle passa à côté de nous avec un air de reine. Soudain, en m'apercevant, elle fit un bond de côté et faillit renverser Mme Chapoulot qui n'eut que le temps de se cramponner au peintre ; nouveau bond de la dame qui disparut dans l'exposition.

— Tiens, tiens, s'écria Mme Lezef, voilà Mme Vancha qui croit se commettre en nous frôlant de sa robe ; cette orgueilleuse Chinoise raconte à tout le monde que son mari, mandarin au bouton de jade jouit de la confiance toute particulière du vice-roi du Petchili.

— Tout le monde sait cependant, ajouta Mme Chapoulot, que son mari l'a chassée à cause de son caractère acariâtre.

— Elle fait de l'aquarelle, insinua Lezef, et à ses heures elle sculpte.

— Sa peinture ne vaut pas même celle de mon mari, me dit Mme Lezef, et quant à sa sculpture, elle est aussi grotesque que les idoles fabriquées à Bénarès.

— J'ignorais qu'elle avait tous ces talents, dis-je à Mme Lezef, mais je puis vous affirmer qu'elle est aussi sotte que vaniteuse. Je l'ai rencontrée autrefois, dans le monde, à Pékin.

Mme Vancha pouvait se vanter de nous avoir mis tous d'accord ; le peintre même nous approuvait par un nouveau gloussement significatif.

———

# CHAPITRE V

## LE PRÉTOIRE DE SANLO

Vers la fin de mon séjour au Tibet, je reçus, un matin, une convocation qui m'enjoignait de me rendre au prétoire de Sânlo, J'étais accusé sans doute d'avoir volé les tours de Notre-Dame, sinon d'avoir dévalisé le Musée du South-Kensington. Mais n'anticipons pas. Je m'acheminai, la conscience assez tranquille, vers le lieu où se rendait la justice au Tibet. Pour arriver au prétoire, il fallait gravir un raidillon caillouteux bordé de misérables masures ; mais, en revanche, un spectacle magnifique dédommageait le promeneur de cette pénible ascension. Du terre-plein sur lequel s'élevait le prétoire on jouissait d'un coup d'œil féerique. A vos pieds la vieille ville de Sânlo, étagée en amphithéâtre disparaissait sous l'étreinte d'une végétation luxuriante;

les habitations émergeaient timidement au milieu de cèdres séculaires, de palmiers, de bananiers et de rhododendrons arborescents; par-ci, par-là, les coupoles dorées des temples blancs scintillaient au soleil; au pied de la colline, la nappe bleue du lac Manosarovar, s'étendait à perte de vue, formant un élégant croissant; en face, l'Himalaya dressait ses cimes neigeuses et, à travers une fissure béante on apercevait les méandres argentés du Gange rejoignant une autre nappe d'eau azurée, le lac d'Ounago. Des aigles planaient dans les airs ; dans le lointain on entendait le cri aigu du lophophore ; et le roucoulement du pigeon vert dans les platanes charmait l'oreille du voyageur, comme un salut de la patrie absente.

Ce spectacle était bien fait pour vous faire oublier les vilenies des hommes.

A neuf heures les portes du prétoire s'ouvrirent, une demi-douzaine d'agents de police se postèrent à l'entrée ; c'étaient des types étranges, des mercenaires recrutés dans le Baltistan ; ils portaient des uniformes d'une coupe presque européenne ; ils étaient coiffés d'un immense shako en feutre noir ; leurs jambes étaient ficelées comme des saucissons, leurs pieds étaient nus ; leurs armes rappelaient vaguement les arquebuses du temps de la Saint-Barthélemy.

Je montrai ma lettre de convocation et je fus aussitôt introduit.

Le prétoire se composait d'une grande salle carrée. Au centre, les accusés accroupis par terre. On avait eu la politesse de m'offrir un escabeau en bois de cèdre sculpté. Derrière moi le public grouillant et bruyant,devant moi la Cour installée sur une estrade ; c'étaient de gros babous luisants, vêtus de blanc, coiffés d'un immense turban rouge frangé d'or. Le président et les deux juges se ressemblaient d'une façon étonnante, on aurait pu sans inconvénient les faire changer de place, même de fonction. Des deux côtés de la Cour,des tréteaux étaient réservés aux avocats.

Je fus averti que mon affaire ne passerait qu'en troisième lieu.

On jugea, d'abord, un directeur de cirque et son principal pitre qui, quelques jours avant, à l'issue d'une représentation,avaient rossé d'importance des musiciens chinois qui les avaient insultés.

D'une voix tonitruante, l'avocat de ces musiciens faisant fonction d'accusateur public, accablait les deux artistes forains, qui étaient tonkinois, sous les foudres de son éloquence pâteuse et filandreuse. Rappelant les guerres malheureuses que le Tonkin avait eu à soutenir contre la Chine, il eut assez de mauvais goût pour reprocher aux deux forains leur jactance actuelle peu en rapport avec les désastres essuyés : « Respectez, leur disait-il, respectez le sol de notre patrie, de cette chère et sacrée patrie que les étrangers des plus hautes conditions ont surnommée la terre d'asile ». Il agrémenta tout cela de comparaisons choquantes empruntées au Parnasse de l'Inde ; il comparait le pauvre directeur à un Siva malfaisant,et le pitre à la déesse Mahadevi qui, grâce à ses innombrables bras, pouvait se livrer à cœur-joie à des méfaits infinis.

La brutalité chinoise exerçant une salutaire terreur sur l'esprit des juges tibétains, nos deux artistes furent condamnés au maximum de la peine.

Quinze jours de carcan et cinquante coups de bastonnade.

Vint le tour d'un Sik, musulman, qui, attaqué dans un champ par un taureau furieux, commit l'insigne imprudence de tuer la méchante bête au lieu de s'offrir lui-même en holocauste. Malgré la défense éloquente de son avocat, musulman de Lahore, le malheureux fut condamné à la peine de mort.

« Si vous aviez tué un de vos semblables, s'était écrié l'accusateur public dans un beau mouvement d'éloquence, on aurait pu à la rigueur admettre les circonstances atténuantes (sic) !

« Mais vous avez mis à mort un animal sacré que tous les vrais Indous vénèrent, votre crime a provoqué la colère des dieux, il exige un châtiment implacable ».

Vous pouvez vous imaginer que je n'étais guère rassuré, mais je me disais, que ma qualité d'Anglais donnerait peut-être à réfléchir à ces imbéciles.

Le président m'invita à m'avancer à la barre et me dit : Savez-vous, Monsieur, que notre année solaire commence au solstice d'été ?

— Je l'ignorais, Monsieur.

— Tout étranger qui réside dans un pays est censé en connaître les lois.

Où veut-il en venir? pensais-je.

— Vous n'ignorez pas, Monsieur, que tout étranger admis à l'insigne faveur de résider dans le Tibet est tenu à se munir d'une autorisation de séjour; vous avez négligé cette formalité, vous êtes donc passible d'une amende, votre qualité d'Anglais ne nous permet pas de vous appliquer une autre peine.

— Mais il me semblait, répondis-je avec vivacité, que mon logeur avait rempli cette formalité pour moi au moment de mon arrivée?

— C'est exact, répliqua le président, mais vous êtes arrivé au mois de Mai dernier, j'ai eu l'avantage de vous faire observer que l'année tibétaine finissait le 21 Juin; nous sommes aujourd'hui le premier Juillet, nous avons donc agi envers vous avec une grande courtoisie en vous accordant neuf jours de délai pendant lesquels vous auriez pu faire votre déclaration.

Cinquante roupies d'amende, n'est-ce pas, Messieurs? dit le président à ses deux assesseurs.

— Les deux magots opinèrent du bonnet.

Je fis signe à mon interprète François, porteur de ma menue monnaie dans une grande sacoche, de s'approcher et je me disposais à compter mon amende en roupies sonnantes, quand le président m'interrompit.

— Pardon, Monsieur, mais il y a une seconde affaire.

— Ah! vraiment? De quoi s'agit-il?

— Il paraîtrait, Monsieur, que vous êtes possesseur de trois chiens, et vous avez négligé d'en faire la déclaration depuis le commencement de notre année.

— Mais la déclaration a été faite.

— Parfaitement. Au dernier mois de l'année écoulée, mais pas pour cette année-ci.

Même observation que pour le cas précédent : soixante roupies d'amende. En votre qualité d'Anglais, nous vous appliquons le minimum de la peine, ajouta-t-il en grimaçant.

De nouveau, je fis signe à François d'approcher ; de nouveau, le président m'interrompit.

— Pardon, il y a une troisième affaire.

Malgré mon flegme britannique je sentis la moutarde me monter au nez.

— Est-ce au moins la dernière ?

— Oui, la troisième et dernière.

— Vous êtes accusé d'avoir pénétré dans une propriété privée ; d'après nos lois, vous êtes passible d'une contravention de six roupies. Vous avez dû constater que des ordonnances affichées partout indiquent cette défense ?

— Je vous affirme que là où j'ai pénétré, il n'y avait aucune affiche prohibitive.

— Parfaitement, mais il y en avait du côté où vous êtes sorti. Vous comprendrez vous-même que s'il y en avait des deux côtés, il n'y aurait plus moyen de verbaliser et de percevoir une amende.

Il n'y avait rien à répliquer à ce raisonnement. Un des assesseurs se hasarda à dire (je l'avais cru muet jusqu'alors) : « Ne croyez-vous pas, monsieur le Président, qu'il serait équitable de prévenir les étrangers avant de pénétrer chez nous, des peines qu'ils encourent en faisant infraction à nos lois, qui paraissent peut-être étranges à des êtres d'une civilisation aussi inférieure que la leur ».

— Vous n'y pensez pas, mon cher collègue, s'écria son chef de file, avec une colère mal dissimulée ; si nous faisions ce que vous dites, les étrangers ne viendraient plus, nous ne pourrions plus percevoir d'amendes.

Et dire qu'il avait raison cet étonnant président dans sa jugeotte tibétaine. Dans tous les cas, son observation était dépourvue d'artifice.

Je payai et me retirai en toute hâte de peur qu'on ne m'impliquât dans un quatrième méfait.

## CHAPITRE VI

# LE CONSTRUCTEUR NAN-GHI

En arrivant à Sânlo, j'avais élu mon domicile dans une espèce de grand caravansérail appartenant au constructeur Nan-Ghi. C'était une vaste bâtisse, située au sommet de la colline, à la portée d'une lance des dernières maisons de Sânlo, construite sur des pilotis pour laisser passer les eaux pluviales et celles de la fonte des neiges ; la maison était en bois jusqu'au deuxième étage, le reste en treillage ; c'est vous dire que les vents s'y donnaient libre cours ; elle contenait une foule de logements, et était assez recherchée par les Anglais, à cause de la distance salutaire qui la séparait de la ville indigène.

Les Anglais peu satisfaits du manque de confort qui caractérisait cette habitation, l'avaient surnommée l'Horreur.

La moitié du rez-de-chaussée, ainsi que le premier, étaient occupés par la famille Lezef ; j'avais trouvé un gîte au second ; au troisième trônait une ancienne prêtresse de Lakchmi ; au quatrième l'artiste Ersijee avait son atelier de peinture, enfin le reste du rez-de-chaussée servait de logement à Mme Chapoulot.

Les médisants du pays prétendaient que Nan-Ghi, l'avait consolée après la mort de son mari.

Cette bonne dame considérait l'incinération des veuves comme une coutume des plus barbares. Nan-Ghi était Chinois, c'est vous dire qu'il était rapace dans l'âme.

Grand, dégingandé, sa tête béate reposait sur un corps noueux ; ses petits yeux obliques respiraient l'astuce, et un sourire stéréotypé errait sur ses lèvres minces et blêmes ; ses oreilles étaient immenses et ses cheveux, noués en queue, mal soignés ; ses vêtements de soie étaient couverts de taches de tabac, car jamais son flacon en jade avec la petite cuillère en ivoire, dont les Chinois se servent pour priser, ne le quittait.

Nan-Ghi était bien le propriétaire le plus extraordinaire que j'aie rencontré dans ma vie vagabonde, s'attachant à ses locataires comme une sangsue, et leur soutirant tout ce qu'il pouvait. Les propriétaires de notre vieille Europe ne sont rien, à côté de ce Chinois madré. Il avait trouvé le moyen de faire payer ses domestiques par ses locataires ; il leur colloquait ses fournisseurs, les plus voleurs de Sânlo, et partageait leur butin avec eux ; il trouvait moyen de se faire payer le même loyer par plusieurs locataires à la fois. Enfin, il n'y avait point de tours pendables qu'il ne jouât à ses infortunées victimes.

En dehors de ses occupations de propriétaire, il était constructeur. A Sânlo, il avait construit une série de masures, se servant de matériaux détestables; puis il s'empressa de les vendre contre un gros bénéfice, car après deux ou trois ans d'existence ces maisons se lézardaient, s'affaissaient, s'écroulaient.

L'Horreur, était si horriblement mal bâtie qu'il n'avait pas encore trouvé de naïfs pour s'en défaire. Lezef aurait bien voulu l'acheter, mais sa femme s'y était opposée; elle n'était pas Parsie pour rien.

Le constructeur chinois avait cependant un faible. Appartenant à une secte religieuse qui avait mélangé le chistianisme au brahmanisme, au bouddhisme et au foïsme, il était bigot à l'extrême, faisait partie de la société de tempérance et était arrivé à la dignité d'archange, qui était une des plus élevées de sa secte. Cet homme extraordinaire faisait des pélerinages à genoux; jeûnait pendant plusieurs jours, se macérait comme un fakir et ne sortait jamais sans son moulin à prières.

Voulez-vous avoir une idée de la bassesse de cet homme? Ecoutez cette histoire:

Une dame anglaise que les chaleurs de Calcutta avait mise en fuite, était venue chercher de la fraîcheur à Sânlo; ayant pris un logement à l'Horreur, elle voulut faire les démarches nécessaires pour avoir un permis de séjour.

— Ne vous en inquiétez pas, lui dit Nan-Ghi, je m'en charge.

Quelque temps après, obsédée par les procédés du personnage et par de gros rats palmistes qui circulaient dans son appartement, elle donna congé à Nan-Ghi.

Elle connaissait bien mal notre homme. Non content de l'accabler d'injures, Nan-Ghi courut au prétoire et la dénonça comme n'ayant pas de permis de séjour. La dame fut obligée de s'adresser au résident anglais de Sultanpour, afin de se mettre à l'abri des mauvais procédés du butor chinois.

Fatigué par les tracasseries incessantes du vieux constructeur, je résolus de quitter son inhospitalière demeure avant l'époque convenue, je lui payai ce que je lui devais et je louai une petite maisonnette en bois, à mi-côte, que François avait découverte dans ses pérégrinations à travers la ville. A peine m'étais-je installé dans ma nouvelle habitation, j'appris que Nan-Ghi, au moment où j'avais réglé mon compte avec lui, avait déjà traité avec une autre personne, de façon que pendant six semaines il percevait un double loyer.

J'estimai qu'il avait mis le comble à sa flibusterie et je me rendis aussitôt chez lui pour le menacer des foudres du prétoire. Il me répondit avec un sourire placide :

— A votre aise, Monsieur. Je vous ferai cependant observer que les lois de ce pays ont été faites surtout pour protéger ses citoyens, et non pour venir en aide aux étrangers ou aux personnes de passage.

Grâce à des sacrifices d'argent, je me suis fait naturaliser Tibétain et j'ai agi à bon escient.

Ce coquin disait vrai pourtant, car huit jours auparavant, ayant refusé à un savetier du pays de lui solder une paire de bottes qu'il m'avait faites de trois centimètres trop courtes, le juge indigène m'obligea à les lui payer quand même.

Cependant je ne me décourageai pas ; je m'adressai à un homme d'affaires tout aussi fripon que Nan-Ghi, et je finis par lui faire rendre gorge : c'est le seul succès réel, que j'aie remporté pendant mon séjour prolongé au Tibet.

# CHAPITRE VII

# TYPES DE MARCHANDS D'ANTIQUITES

En remontant une étroite rue caillouteuse, qui conduit à un palais baroque où se rend la justice suprême du pays, on passe à gauche devant une échoppe de piètre apparence, située dans un renfoncement humide et obscur. C'est la boutique de l'antiquaire Macal, un des plus fameux de la contrée, connu pour son flair et sa mauvaise foi.

Au Tibet, comme chez nous, la passion des antiquités sévit avec une intensité extraordinaire ; tous les richards du pays, à l'instar de ceux de l'Inde, se disputent les émaux de Jaïpour, les beaux damasquinés de Bihar, les niellés du Cachemire et les vieux bronzes du Tibet.

Les truqueurs y sont peut-être encore plus habiles que chez nous, et Spirigi, le richissime Parsi de

Bombay, avait édifié sa colossale fortune en démarquant pendant un demi-siècle, les antiques pièces d'argenterie du Kâtch et de la Birmanie.

Macal avait, de son côté, ramassé une assez jolie fortune en usant de procédés dont quelques-uns ne manquaient pas de présenter une certaine originalité. Il était sans conteste, sinon le plus riche antiquaire de Sánlo, du moins le plus avisé.

Pendant nótre séjour au Tibet, en 188*, sans cesse à la recherche de bronzes tibétains antiques, je fus la victime de ce filou dans des conditions telles, qu'elles méritent d'être racontées.

Dès mon arrivée à Sánlo, ville étagée en amphithéâtre au bord du lac Manosarovar, j'avais envoyé notre interprète François, un soi-disant Portugais de Goa (il était noir comme un Yoloff) à la recherche des antiquaires du pays ; à la tombée du jour il me conduisit chez Macal. Un homme grand, gras, à la face patibulaire, aux yeux de batraciens, coiffé d'un grand turban rouge et drapé dans un vêtement de même couleur, nous attendait à la porte de son échoppe ; il me montra des jades richement sertis, des émaux de Multan, d'un éclat pâle et effacé, quelques bahuts en bois de cèdre sculptés d'une façon primitive, et enfin une infinité de bronzes affectant des formes extraordinaires ; des aiguières, des bassins, des théières, des cafetières, des chaudrons, des coupes, etc., etc., portant presque tous l'empreinte d'une décoration naïve et surtout hâtive. Ayant fait une riche moisson aux Indes et au Cachemire, tous ces objets ne produisirent qu'un médiocre effet sur moi, et le bonhomme s'en aperçut ; mais sa face immobile, d'eunuque de sérail ne laissa voir aucune émotion.

— Il paraît que vous recherchez surtout les vieux bronzes, me dit-il d'une voix traînante, avec cet accent tibétain qui sonne si désagréablement aux oreilles des Indous, autrefois j'en connaissais joliment, aujourd'hui ces pièces deviennent de plus en plus rares, aussi il faut les payer d'une grosse somme.

— Si la pièce est belle, j'y mettrai le prix, répondis-je.

— Eh bien, reprit-il de sa voix toujours traînante, sans que son regard vitreux ne trahît aucune émotion, je connais chez un paysan de la montagne un Ganga-sagher superbe qui, depuis des siècles, est dans sa famille et dont malheureusement il ne veut se défaire pour rien au monde.

Vous voyez d'ici combien ma curiosité de collectionneur fut excitée.

— Où se trouve-t-il ce paysan ? demandai-je aussitôt, on pourrait toujours aller le voir ?

— Il habite le village de Karma, il faut trois heures de cheval pour y arriver. Les chemins sont mauvais et je vous répète que vous n'aurez aucune chance d'acquérir l'objet, car le propriétaire ne veut s'en défaire à aucun prix. L'hiver dernier, je lui en ai offert cent roupies ; l'objet ne les vaut pas. Vous voyez d'ici l'inutilité de vos démarches.

Le malin personnage savait bien qu'il versait de l'huile sur le feu ; il parlait comme l'aurait fait un de ses confrères de la rue de Châteaudun ou de la rue de Rennes.

Après lui avoir acheté une petite idole, qu'il affirmait être en jade et qui n'était qu'en pierre de savon, je pris congé de mon sordide interlocuteur et je rentrai au bungalow.

Vous pensez bien que le lendemain matin, dès l'aube, je me mis en route pour Karma, précédé d'un guide du pays et suivi de mon fidèle François, hissé sur un baudet. Nous traversâmes de vastes forêts de cèdres enjolivées de bambous et ponctuées de buissons de rhododendrons rouges ; nous suivîmes un chemin escarpé qui remontait un cours d'eau torrentueux, le soleil tapait ferme sur nous et sur nos pauvres bêtes.

Après une chevauchée de trois heures et demie, nous arrivâmes au village de Karma, blotti dans un rocher, comme un nid d'aigle et surplombant à pic un des affluents du lac Manosarovar. La demeure de notre villageois fut vite découverte ; il nous reçut de fort méchante humeur et il fallut parlementer une demi-heure avant qu'il nous admît dans sa maison de chétive apparence. C'était un petit homme trapu aux pommettes saillantes, aux yeux obliques, enveloppé dans un vaste caftan en laine blanche et coiffé d'une espèce de calotte de même couleur adhérente au crâne.

A l'instar de toutes les demeures tibétaines sa maison était blanchie à la chaux et pourvue de petites fenêtres ressemblant à des meurtrières ; il nous conduisit dans une vaste pièce assez sombre, garnie de quelques méchants tapis, dépourvue de sièges, où dans des niches assez grossièrement pratiquées dans le mur, reluisaient des narghilés, des théières et d'autres ustensiles ; dans une niche un peu plus grande que les autres, j'aperçus aussitôt l'objet tant convoité qui m'avait empêché de fermer l'œil de la nuit, un magnifique Ganga-sagher d'un mètre de hauteur en cuivre martelé et recouvert d'une patine que seuls les siècles avaient pu lui donner. L'anse, formant une spirale élégante, rappelait les convulsions du dragon chinois ; l'orifice du bec était orné d'un mufle de lion et une inscription tibétaine, d'un caractère absolument hiératique, flamboyait sur sa panse élégamment rebondie. Je pus à peine retenir mon émotion, je dévorais le bronze des yeux et je tournais autour, comme jadis Pygmalion dut tourner autour de Galathée. François, que j'avais pris jusqu'alors pour un parfait imbécile, me fit timidement observer que je trahissais trop mon jeu. Je repris aussitôt ma contenance et réprimant mon admiration et mon désir, je parus indifférent.

Le maître de céans s'était blotti dans un coin.

— Je vous offre 150 roupies de votre bronze, lui dis-je.

— Après une pose, il me répondit : ce Ganga-sagher a appartenu à mes aïeux, descendants d'une fille d'Alexandre-le-Grand, qui furent autrefois rois de ce pays ; je l'ai refusé au richissime antiquaire Macal et il reviendra à mes petits-enfants. En me disant ceci, sa voix me parut plus posée que la mienne.

passe l'été à Ounago, l'hiver à Bénarès. C'est un homme industrieux, inventif, nul ne s'entend comme lui *à enrosser le client*, comme on dit dans le jargon des antiquaires. Un fabricant de bronzes de Calcutta, lui fournit tous les objets en métal, un joailler de Delhi, lui envoie des bijoux ornés de pierres fausses, et un potier du Sindh, lui confie chaque année des plats magnifiques sortant tout frais de ses fours.

Ainsi, cet homme surprenant avait vendu à un grand amateur de Bombay, un plat en faïence 1,000 roupies, le garantissant ancien, (ce commerçant remarquable vous garantit tout ce que vous voudrez) ; trois ans plus tard il fut contraint à reprendre son plat, qui lui avait coûté juste 80 roupies.

Une autre fois, il avait vendu à un amateur de Madras un tabouret en ivoire sculpté, affirmant toujours qu'il était ancien ; l'acheteur, rentrant chez lui, trouve le même tabouret, payé au poids de l'or, chez une personne de sa connaissance, il retourne à Ounago, et en parle au Parsi ; vous croyez que celui-ci fut embarrassé. « C'est inouï, s'écria-t-il, avec une indignation bien jouée, on ne peut plus rien confier au réparateur ; cet artiste infidèle aura copié mon tabouret ».

— Du tout, du tout, s'écrie l'amateur trompé, je l'ai fait examiner par une personne compétente, qui m'a affirmé, qu'il était complètement neuf.

— Cela prouve, s'écrie Dalljee avec un aplomb imperturbable, que ce gredin de réparateur m'a volé l'original, et que je vous ai vendu la copie.

Quand j'arrivai à Oomago, j'ignorais tous ces faits. J'entre donc chez mon homme par une belle matinée himalayenne et j'aperçois aussitôt dans son capharnaüm, une paire de chandeliers de temple d'un très beau modèle.

— Ces chandeliers sont modernes, lui dis-je ?

— Jamais, s'écrie le Parsi d'un air indigné. J'ai acheté ces chandeliers l'hiver dernier à Bénarès, à un brahme du grand temple de Hanouman, et ils étaient dans un piteux état. Un des singes qu'on a coutume de nourrir dans ce sanctuaire, les avait jetés dans un puits, la dorure avait disparu et les parties en marbre étaient ébréchées.

— Je vous les garantis anciens sur facture, je les ai fait redorer à Bénarès même.

Après quelques pourparlers, je payai les chandeliers 230 roupies et je les emportai chez moi, tout fier de cette acquisition. Le lendemain matin une personne de ma connaissance hocha la tête, quand elle les aperçut ; mais je la tins pour un vilain jaloux et je n'en eus cure.

Quelques jours après, en parcourant les rues étroites de la vieille ville, quelle ne fut pas ma stupéfaction, quand j'aperçus mes chandeliers à l'étalage d'un autre brocanteur.

— Tiens, me dis-je, cet animal de François les aura montrés à un de ses camarades qui les lui aura volés. J'entre dans l'échoppe et je marchande les chandeliers à une jeune femme parsi qui tenait l'établissement. — Deux cent cinquante roupies, me dit-elle, et, avant que j'eusse répondu, elle ajouta :

je vous les laisserai pour deux cents afin de faire une première affaire.

— Les croyez-vous anciens, lui répliquai-je ?

— Absolument, Monsieur, seulement ils ont été redorés.

C'était l'histoire des miens.

Je sortis et je me rendis aussitôt chez Dalljee en lui racontant la rencontre que je venais de faire ; il ne broncha pas.

— Mon réparateur de Bénarès les aura fait surmouler, on ne peut plus avoir confiance en personne. Je suis d'ailleurs tout prêt à les reprendre, ajouta-t-il avec un grand calme.

Le soir, je retrouvais mes chandeliers chez un troisième antiquaire. Cela devenait une obsession. Je voulus faire un procès à Dalljee, mais ce commerçant avisé produisit une lettre d'un fabricant de Calcutta, dans laquelle cet industriel lui demandait pardon, d'avoir fait surmouler ses chandeliers et d'avoir gardé les originaux.

La lettre était fausse comme les chandeliers, mais écœuré de tant de turpitudes,et de guerre lasse, je lui rendis sa marchandise m'estimant heureux d'avoir échappé à si bon compte.

Que l'amateur qui n'a été trompé qu'une seule fois me jette la première pierre.

L'antiquaire de Sânlo m'avait du moins joué un tour original, c'était un brigand de haute envergure, tandis que son collègue, d'Ounago, n'était qu'un vulgaire filou. Aussi la destinée de ces deux hommes fut-elle assez dissemblable. Macal mourut dernièrement chargé d'années et de richesses, tandis que Dalljee, ayant vendu au roi du Nepaul une aigrette d'émeraudes... en cailloux du Gange teintés, et ayant eu l'imprudence de se rendre à la cour de ce prince, fut pendu haut et court à un cèdre de son parc.

## CHAPITRE VIII

# UNE RÉCEPTION CHEZ LES WINTERBOURG

C'était à Sânlo, au sommet de la colline, dans une charmante villa qui dominait le lac, que M. et Mme Winterbourg recevaient, un mercredi, de quatre à six.

Américains de la Nouvelle-Orléans, ils étaient venus faire leur voyage de noces aux Indes.

En Amérique, comme partout ailleurs, il y a des gens très bien élevés; issus d'anciennes familles, chez lesquelles le bon ton est de tradition; mais, comme partout ailleurs aussi, on rencontre des parvenus, des enrichis, auxquels l'ivresse des dollars est montée à la tête. M. Winterbourg était de ces derniers. Vieux, sec, sa figure glabre au front fuyant et à la forte mâchoire, rappelait le Yankee métissé d'Apache; son regard était dur, son verbe bref et l'expression de sa figure mauvaise. Sa fortune datait de la dernière guerre du Mexique, pendant laquelle il avait approvisionné les deux armées belligérantes de conserves alimentaires plus ou moins comestibles.

Suivant, lui-même, à cheval, ses convois d'approvisionnement, il avait dû, plus d'une fois, défendre, le revolver au poing, son bien souvent mal acquis. A l'âge de soixante ans, il avait épousé sa nièce qui en avait à peine vingt, jeune fille fort ordinaire, sans aucune fortune.

Mme Winterbourg était petite, fluette, ébouriffée; elle avait une tête de linotte et le gazouillement de cet oiseau.

Arrivés à Sânlo depuis quelques mois à peine, M. et Mme Winterbourg avaient su attirer chez eux toute la haute société de l'endroit, à force de lui jeter leurs dollars à la figure. Les Tibétains des plus anciennes familles, et Dieu sait s'il en existe dans ces montagnes reculées, se laissaient éblouir par cette pluie d'or et affluaient dans le salon des Winterbourg. Ces mêmes personnages qui considéraient les plus authentiques descendants d'Alexandre-le-Grand comme du menu fretin, se pressaient dans le salon de cet Américain mal élevé, qui leur disait, pour expliquer l'absence de sa femme, que des vapeurs subites retenaient dans ses appartements : « La Madame, il est malade ».

Quand Mme Winterbourg daignait être présente, ces mêmes Tibétains de marque s'extasiaient à l'entendre chanter d'une petite voix de fausset : « Dites *loui* qu'on l'a remarqué, distingué, dites-*loui*, etc. »

Tel est le monde, même dans le coin le plus retiré des Indes. Ayez de l'argent, et toute la société s'aplatira devant vous.

Les invités arrivaient, les dames en palanquin, les messieurs à cheval ou à pied. Dans le vaste vestibule se tenaient des Dravidiens armés d'immenses plumeaux ; ils époussetaient les chaussures des arrivants. La société était nombreuse, brillante ; il y avait des Anglais en smoking, souliers vernis et feutre noir ; des Tibétains portant de vastes houppelandes, serrées à la taille par une ceinture de cuir à laquelle pendaient toutes sortes d'ustensiles : des pipes, des blagues à tabac, des briquets, des petites coupes en bois d'olivier serties d'argent, et des couteaux à manche d'ivoire, enrichis de turquoises, la lame cachée dans une gaine en peau de serpent. Ils étaient coiffés de grands bonnets en feutre blanc ; plusieurs, et non des moindres, avaient emporté leurs moulins à prières, qu'ils faisaient tourner machinalement ; leurs pieds étaient chaussés de bottes jaunes. Les Chinois, drapés dans leurs vêtements en soie éclatante, se reconnaissaient à la longue queue qui leur pendait dans le dos. Les Musulmans de l'Inde et du Baltistan portaient de belles robes en cachemire brodé, la tête coiffée d'immenses turbans blancs ; les Nourbakchis, du Baltistan, avaient de longs cheveux qui leur tombaient sur leurs épaules ; les Sunnites, de Lahore et de Delhi, avaient la tête rasée conforme à leurs rites. Presque toutes les peuplades de l'Inde y étaient représentées, depuis le fier Radjpoute, la moustache en croc et l'allure dédaigneuse ; le Mahratte des environs de Bombay à la figure brutale ; jusqu'à l'habitant de Madras, à la mine plus débonnaire ; presque tous coiffés de grands turbans rouges ornés de tresses d'or, étaient vêtus de blanc et avaient les pieds nus, comme l'exigeait leur coutume.

Toute cette foule bigarrée avait traversé les salons et envahi le jardin où Mme Winterbourg surveillait les domestiques qui préparaient des rafraichissements. Les dames étaient rares, quelques Anglaises à l'aspect languissant, épuisées par les chaleurs torrides de l'Inde ; quelques halfeastes à la peau bronzée et aux regards provocants ; une demi-douzaine de Chinoises, que l'exiguité de leurs chaussures à cothurnes obligeait à sautiller comme des oiseaux ; enfin, deux ou trois femmes parsies qui s'étaient faufilées à la suite de leurs maris ; elles n'étaient ni les moins belles, ni les moins richement vêtues. Leurs robes brodées d'or, d'une étoffe magnifique, leurs voiles constellés de pierres précieuses enveloppaient des corps souples et opulents et cachaient des têtes charmantes ; leurs petits pieds étaient chaussés de pantoufles ornées de fleurs naturelles.

L'Américain se tenait dans le premier salon, conversait avec un grand Anglais, sec et maigre, que ses compatriotes avaient surnommé, le descendant du roi Alfred. Nul ne pouvait se faire une idée de la morgue de ce personnage, originaire de

Jersey ; il prétendait descendre des familles établies dans cette île avant l'arrivée des Anglo-Saxons en Grande-Bretagne.

Une laide et forte Chinoise, affublée comme une mule espagnole portant une châsse, s'était mêlée à la conversation de ces deux hommes, c'était Mme Vancha, toujours arrogante et prétentieuse, qui parlait des arts, des lettres et de toute espèce de choses auxquelles elle n'entendait rien ; elle discourait sans cesse, comme une corneille qui abat des noix.

Un quatrième personnage, chrétien tonkinois, se joignit à la conversation ; il était décoré du Dragon de l'Annam ; ses corréligionnaires de Hanoï disaient de lui : Leer-Lar ressemble au Christ, il porte sa croix, sans l'avoir méritée. Le personnage était, au demeurant, prétentieux et insignifiant.

Un grand mouvement se fit dans l'assistance, le valet posté à l'entrée des salons, annonça : Leurs Hautesses, le Radjah Khrétin-Sing et la Râni Homa-Hal. Les assistants firent aussitôt la haie sur le passage des princes. Le spectacle en valait la peine. Khrétin-Sing avait plus que jamais l'air d'un magot sorti de sa pagode, et la Râni, vêtue, comme de coutumé, de gaze jaune qui se plaquait sur ses chairs opulentes, ressemblait à un immense crustacé sorti d'un bain de soufre. Un jeune Parsi portait la longue traîne de sa maîtresse. Tous deux avançaient en se dandinant.

L'Américain quitta de suite ses interlocuteurs, flatté de recevoir des princes indous, qui avaient fait le voyage d'Ounago à Sânlo pour assister à son quatre à six.

Les conversations reprirent de plus belle et la Râni, installée auprès de Mme Winterbourg, se bourrait de friandises, en balbutiant, quelques compliments à l'adresse de son hôtesse.

Soudain, un silence glacial s'établit ; les invités se dispersèrent comme des oiseaux effarouchés ; Mme Vancha se sauva en sautillant et en poussant des petits cris aigus, auprès de Mme Winterbourg ; on eût dit que le fameux serpent de mer, sorti des ondes du lac Manosarovar, avait fait son apparition.

Il n'en était rien pourtant ; tout ce trouble, ce sauve-qui-peut général avait une autre cause. Il était dû à l'entrée inopinée de deux personnages non fréquentables, nous dirions non reçus dans la société.

Une fort jolie brune, dans un costume charmant, s'avançait au bras d'un homme grand, mince, au teint basané. Les nouveaux arrivants qui avaient été la cause de cet effarement général, s'appelaient M. et Mme Pittyjack. Ils étaient d'une caste inférieure, et la société de Sânlo les avaient en horreur, personne n'avait jamais su au juste pourquoi ! Il est vrai que Mme Pittyjack, abandonnée par son premier mari, dont elle avait trois enfants, avait convolé en secondes noces avec un droguiste de Sânlo de piètre mine et de petite origine.

Son premier mari lui servait une pension considérable et les méchantes langues de la ville prétendaient que cette circonstance avait été pour beaucoup dans le mariage de Mme Pittyjack. Toujours est-il que, quand le premier mari venait voir ses enfants, la jeune femme se promenait sur les boulevards de Sânlo, flanquée de ses deux époux successifs ; mais ces choses là se voient aussi en Europe.

Revenus de leur stupeur, les Tibétains prirent la fuite suivis aussitôt par les autres invités. Mme Vancha s'était éclipsée en compagnie de Leer-Lar et du descendant du roi Alfred.

Le Radjah n'y comprit rien, mais il imita les autres, poussé par sa femme, qui avait eu soin de bourrer ses poches de friandises.

La garden-party de M. et Mme Winterbourg était manquée.

L'Américain, fort dépité de cette mésaventure, se vengea en mettant à la porte M. et Mme Pittyjack.

J'étais resté seul avec le couple yankee.

— Une pareille aventure n'est pas possible en Amérique, me dit la jeune femme courroucée. Ces Tibétains sont vraiment d'une morgue impertinente, peu compatible avec les libres institutions de leur pays.

L'Américain suffoquait de rage.

— Ni en Europe, non plus, répondis-je à sa femme; mais, que voulez-vous, Madame, dans le pays du Grand Lamas, les prétentions d'antique noblesse sont tellement invétérées que tous ces bons Tibétains se croient déshonorés au contact d'un être appartenant à une caste inférieure à la leur. C'est le système des castes poussé à l'excès. Quant aux autres invités, ajoutai-je, ils ont suivi l'exemple donné, comme le faisaient les moutons de Panurge. L'aventure est drôle, en effet.

— Pas drôle du tout, exclama le yankee, et les frais que j'ai faits pour ma réception, qui est-ce qui me les remboursera ? La nature de l'ancien marchand de conserves alimentaires avait pris le dessus.

— Soyez sans crainte, mon ami, répondit Mme Winterbourg ; ils reviendront tous et vous n'aurez aucune perte matérielle à déplorer.

Elle avait auguré juste.

A peine la nouvelle de l'expulsion des Pittyjack s'était-elle répandue en ville, que la foule des invités refluait vers la maison Winterbourg ; tous obséquieux et souriants, comme si rien ne s'était passé. Mme Vancha se présentait doucereuse, la bouche en cœur ; le descendant du roi Alfred esquissait un sourire qui ressemblait à une affreuse grimace, et Leer-Lar reprit tranquillement la conversation avec Winterbourg que l'apparition des Pittyjack avait si inopinément interrompue.

Seul, le couple princier manquait à l'appel. Les friandises dont la Râni s'était bourrée les poches s'étant fondues sous les rayons d'un ardent soleil, son costume en gaze ruisselait de sucre et de confitures, était en piteux état et jouait les couleurs d'un arc-en-ciel bizarre. Un invité qui avait assisté de loin à ce désastre, colportait la drôlatique aventure de groupe en groupe.

# CONCLUSION

Le lecteur estimera sans doute que ce récit n'est qu'un pamphlet, et que les habitants d'Ounago et de Sânlo n'étaient d'après moi qu'un ramassis de vulgaires coquins et de grotesques fantoches.

Le lecteur se trompe.

Ce récit est absolument conforme à la vérité. Les gens honnêtes et respectables sont, grâce à Dieu, en grande majorité à Ounago comme à Sânlo. Mais je n'en parle pas, voilà tout.

. . . . . . . . . . . . . . . . . . . . . . . . . . . . . . . . . . . .

Dix ans plus tard, je repassai par le Nepaul, et je ne pus résister au désir de revoir Ounago.

Dix ans ! C'est un laps de temps dans une existence humaine, et des changements considérables avaient dû se produire.

En effet, je ne m'étais pas trompé ; les personnages qui constituaient la Cour des miracles avaient été dispersés aux quatre vents.

Le Radjah avait été interné dans un château des environs de Kangra ; la Râni avait disparu en compagnie d'un jeune Parsi ; personne depuis n'a eu de ses nouvelles. Le couple Uglybird était parti pour Bombay où il vivait dans une gêne voisine de la misère. Le vieux Hollandais était rentré dans le sein de ses pères et Mme Titisab avait fondé sur la montagne une succursale de la maison Tellier. Harmsada avait été pendu haut et court par ses concitoyens à la suite d'une affaire louche. Sa femme avait repris un engagement dans un cirque, elle sautait comme autrefois à travers les cerceaux.

*Sic transit gloria mundi.*

PURDON-WHITE.

*Bombay, Décembre 18****

# TABLE DES MATIÈRES

NICE — IMP. V.-EUG. GAUTHIER ET Cᵒ — NICE

www.ingramcontent.com/pod-product-compliance
Ingram Content Group UK Ltd.
Pitfield, Milton Keynes, MK11 3LW, UK
UKHW021158220726
13924UKWH00003B/1203

9 782019 677312